中國地理繪本

上海・江蘇・浙江

鄭度◎主編　黃宇◎編著　安娜・法迪耶娃◎繪

U0064054

中華教育

責任編輯　梁潔瑩

裝幀設計　龐雅美

排版　龐雅美

印務　劉漢舉

中國地理繪本

上海‧江蘇‧浙江

鄭度◎主編　黃宇◎編著　安娜‧法迪耶娃◎繪

出版 / 中華教育

香港北角英皇道 499 號北角工業大廈 1 樓 B 室

電話：(852) 2137 2338　傳真：(852) 2713 8202

電子郵件：info@chunghwabook.com.hk

網址：http://www.chunghwabook.com.hk

發行 / 香港聯合書刊物流有限公司

香港新界荃灣德士古道 220-248 號荃灣工業中心 16 樓

電話：(852) 2150 2100　傳真：(852) 2407 3062

電子郵件：info@suplogistics.com.hk

印刷 / 美雅印刷製本有限公司

香港觀塘榮業街 6 號海濱工業大廈 4 樓 A 室

版次 / 2022 年 10 月第 1 版第 1 次印刷

©2022 中華教育

規格 / 16 開 (207mm x 171mm)

ISBN / 978-988-8808-62-5

目錄

※ 中國各地面積數據來源:《中國大百科全書》(第二版);
　中國各地人口數據來源:《中國統計年鑒2020》(截至2019年年末)。

※ ◎為世界自然和文化遺產標誌。

東方明珠——上海

人口：約 2428 萬
面積：約 6369 平方公里

上海市，簡稱滬，位於長江與錢塘江入海匯合處，是中國最大的經濟中心。上海歷史悠久，是一座傳統和時尚並存的城市。

靜安寺

靜安寺是上海最古老的寺廟之一。寺內建有天王殿、大雄寶殿、鐘鼓樓等。

中國共產黨第一次全國代表大會會址

這裏為石庫門房屋，曾是中國共產黨第一次全國代表大會召開的場所。

地形地貌

地勢平坦，屬於長江三角洲沖積平原。

氣候

屬於亞熱帶季風氣候，溫和濕潤，四季分明。

自然資源

水網密佈，水資源豐富，有利於水上運輸。

上海博物館

上海博物館擁有館藏文物約 12 萬件，以青銅器、陶瓷器、書法、繪畫等最具特色，是一座大型藝術類博物館。

本幫菜

本幫菜是上海本地菜系，因鹹淡適中、色澤紅亮而聞名。

排骨年糕

蟹殼黃

生煎包

崇明島

崇明島位於長江入海口，是中國第三大島，也是最大的沙島。東部灘塗為數十萬隻越冬候鳥的棲息地，1998 年建立東灘鳥類自然保護區。

朱家角古鎮

朱家角古鎮位於青浦區中南部，歷史源遠流長。鎮上有放生橋、弄堂、茶館等。

親愛的表姐：

　　我來到「魔都」上海啦！我跟爸爸正在外灘散步，在五顏六色的燈光下，那些外國建築好像一座座水晶宮，好看極了！

小雅

上海體育場

　　上海體育場可容納8萬名觀眾，是2008年北京奧運會上海賽區足球比賽場地。

評彈

　　評彈是評話和彈詞的總稱，起源於蘇州，流入上海後受到當地百姓的喜愛。

　　上海迪士尼樂園是中國內地首個迪士尼主題樂園。來到這裏，你可以遊覽目前世界上最大的迪士尼城堡，還可以探索神奇的迪士尼王國。

松江照壁

　　松江照壁為明代大型磚雕照壁，精雕細刻，十分精美。

徐家匯天主堂

　　徐家匯天主堂是中國著名的天主教教堂，為歌德式建築風格。

錢學森

　　錢學森，祖籍杭州，生於上海，是中國著名科學家，「兩彈一星功勳獎章」獲得者。

繁華的國際大都市

上海是一座文化名城，擁有深厚的歷史文化底蘊。鴉片戰爭後，上海被開闢為通商口岸，逐漸變成了大都市。

田子坊

田子坊的核心區為「三巷一街」，由上海最具里弄特色的歷史街區演變而來。這裏有茶館、露天餐廳、露天咖啡廳，以及眾多知名的創意工作室。

上海環球金融中心

上海環球金融中心是位於陸家嘴金融貿易區的一棟摩天大樓，在94、97、100層設有3個觀景台。

金茂大廈

金茂大廈為四方形塔式商用大樓。88層為觀光廳，在這裏，黃浦江兩岸國際大都市風光乃至長江口的壯麗景色一覽無遺。

東方明珠電視塔

東方明珠電視塔是上海的標誌性建築之一，塔高468米，內有觀光層、會議廳等。塔的外形營造出白居易《琵琶行》中的詩句「大珠小珠落玉盤」的意境。

陸家嘴金融貿易區

陸家嘴金融貿易區位於浦東新區的黃浦江畔，與外灘隔江相望，有許多金融機構和銀行大樓。

南京路

　　南京路是上海開埠後逐漸形成的一條商業街。這裏商舖林立，有許多上海老字號大小商舖，十分熱鬧。

上海國際機場

　　上海國際機場包含上海浦東國際機場和虹橋國際機場，是中國重要的國際、國內航空樞紐。

上海港

　　上海港是世界貨運大港，與許多國家和地區建立了航運和貿易關係。

中華藝術宮

　　中華藝術宮是公益性文化服務機構，選址於 2010 年上海世界博覽會中國館。

磁浮列車

　　磁浮列車是一種高科技的軌道交通工具，利用電磁力驅動列車運行。上海市與德國合作，修建了一條從市區至浦東機場的高速磁浮鐵路，於 2003 年 10 月正式投入營運。

美麗的外灘夜景

外灘位於黃浦江畔，是一條見證上海歷史的文化街區。夜幕降臨，外灘的夜景彷彿使人走進童話般的世界。

江海關大樓

江海關大樓由8層鐘樓和5層輔樓組成，採用現代主義手法，並結合英國古典主義風格和文藝復興時期建築特點修建而成。

東方的華爾街

外灘曾為英國租界。19世紀中期，許多外廊式洋行建築在此建立。至此，外灘匯集了羅馬式、歌德式、巴洛克式等風格的建築，被稱為「萬國建築博覽群」。

外白渡橋

外白渡橋為蘇州河上第一座鋼結構橋樑。由於其深厚的歷史底蘊和獨特設計，成為上海的標誌景觀之一。

沙遜大廈

　　沙遜大廈是著名的和平飯店北樓，曾接待過許多中外名人。

中國銀行大樓

　　中國銀行大樓由中國建築師設計，裝飾風格為藝術派與中國傳統風格相結合。

登上遊船，你可以欣賞美麗的外灘夜景。

走進老上海

19 世紀的上海是亞洲著名的國際都市。

大世界遊樂場

大世界遊樂場是老上海的文化娛樂場所，裏面設有演出劇場、音樂廳、電影廳等。

有軌電車

有軌電車又稱鐺鐺車，是依靠電力驅動，在軌道上行駛的城市公共交通客運車輛。

黃包車

黃包車又稱人力車，是一種靠人力挽拉的交通工具。

百樂門

百樂門是老上海著名的綜合性娛樂場所，底層為管理處和飯店，第二、三層為舞廳。

夜上海，夜上海……

國際飯店

國際飯店曾是上海最高的建築。據說，青年時代的貝聿銘看到國際飯店後，感到十分震撼，決心去美國攻讀建築學，後來成了著名的國際建築大師。

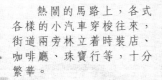

熱鬧的馬路上，各式各樣的小汽車穿梭往來，街道兩旁林立着時裝店、咖啡廳、珠寶行等，十分繁華。

老洋房的故事

上海的租界曾經是外國人生活的地方，這裏建造了許多各具特色的洋房。

花園洋房

花園洋房是一種西式庭院式住宅，院內種有樹木，中間為草坪，十分寬敞。著名的花園洋房有丁香花園、周公館等。

懸鈴木

懸鈴木又稱英國梧桐，是一種高大的落葉喬木，19 世紀末引入上海，在法國租界種植較多，葉似梧桐，因此常被誤稱作「法國梧桐」。

中西合璧的石庫門

石庫門是上海典型的民居建築，因門框採用粗實厚重的石料被稱為「石箍門」，後逐漸演變為「石庫門」。

老虎窗

老虎窗是開在斜屋頂上的窗，起通風、採光的作用。

晴天時，人們會打開窗戶，曬曬太陽，透透氣。

修車舖

滾鐵環

弄堂

弄堂是近代上海的傳統街巷，也是上海傳統都市居住文化的一種標誌。

古色古韻的老城隍廟

上海老城隍廟改建於明代永樂年間，是一座供奉城隍的道教宮觀建築。上海開埠前，老城隍廟是上海民眾唯一的遊樂場所，一年之中盛事頗多。

豫園

豫園是上海著名的江南園林，至今已有400多年的歷史，與城隍廟毗鄰。園林設計精巧、錯落有致。

滬劇

滬劇主要流傳於上海等地，源於農村的「小山歌」，唱腔細膩、柔美。

城隍廟

城隍為民間傳說中守護城池的神。上海城隍廟奉祀上海城隍秦裕伯和西漢權臣霍光，供人們焚香禮拜、求得保佑。

好吃又好看的上海小吃

上海是各種小吃薈萃的地方。小籠包、擂沙圓、海棠糕等都是不可錯過的上海小吃。

魚米之鄉──江蘇

省會：南京
人口：約 8070 萬
面積：約 10 萬平方公里

　　江蘇省，簡稱蘇，位於長江、淮河下游，自古以來就是魚米之鄉。因其省內原有江寧、蘇州兩府，故得名「江蘇」。

花果山

　　花果山因中國古典神話小說《西遊記》而家喻戶曉。山中有水簾洞、八戒石、唐僧崖等景點。

蘇州博物館新館

　　蘇州博物館新館是集博物館、古建築與山水園林為一體的綜合性博物館，由華人建築師貝聿銘設計。

地形地貌

　　地勢平坦，由平原、山地、丘陵構成。

氣候

　　地處暖溫帶和亞熱帶的氣候過渡地帶，四季分明，雨量充沛。

自然資源

　　物產豐富，是中國糧食、棉花重要產區。

古琴

　　古琴又稱七弦琴，是中國傳統樂器。古琴藝術歷史悠久，博大精深。

南京長江大橋

　　南京長江大橋為長江上的一座雙層式鐵路、公路兩用橋樑，是 20 世紀 60 年代中國規模最大的橋樑。

中國黃（渤）海候鳥棲息地

　　中國黃（渤）海候鳥棲息地位於江蘇鹽城市，主要由潮間帶灘塗和其他濱海濕地組成，是全球數以百萬遷徙候鳥的越冬地。

玉飛鳳

　　玉飛鳳出土於無錫鴻山墓羣，是戰國時期的玉器。

麋鹿

　　麋鹿又稱四不像，是國家一級保護動物。江蘇大豐市建立了麋鹿自然保護區。

中華恐龍園
　　中華恐龍園是一座以恐龍文化為主題的大型遊樂園。

親愛的小北：
　　我來到了美麗的水鄉江蘇。在常州，我參觀了中華恐龍園。這裏彷彿是恐龍的世界，真是讓我大開眼界！

小雅

北固山
　　北固山與金山、焦山合稱為「京口三山」。山上的多景樓有「天下江山第一樓」的美譽。

　　寒山寺位於江蘇蘇州市，是一座有着 1000 多年歷史的古寺，因詩句「姑蘇城外寒山寺，夜半鐘聲到客船」而聞名天下。

洞庭碧螺春
　　洞庭碧螺春是產於太湖洞庭東山的綠茶，因外形曲捲似螺，且以產於碧螺峯者最好而得名。

江蘇菜
　　江蘇菜是中國八大菜系之一，口味平和，風味清鮮。

清燉蟹粉獅子頭

揚州炒飯

紫金山天文台
　　紫金山天文台為綜合性天文研究機構，是中國現代天文學的搖籃。

鹽水鴨

鴨血粉絲湯

15

金陵古都知多少

南京，古稱金陵，是中國歷史文化名城，名勝古跡眾多，有「六朝古都」之稱。

南京博物院

南京博物院歷史悠久，規模較大，館內有藏品40多萬件。

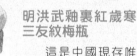

明洪武釉裏紅歲寒三友紋梅瓶

這是中國現存唯一完整的明洪武釉裏紅帶蓋梅瓶，紋飾精緻、造型優美。

西漢初金獸

西漢初金獸呈蜷伏狀，獸頭伏於爪上，是一件十分精美的金器。

南京總統府

南京總統府是孫中山就任中華民國臨時大總統之地，現為南京中國近代史遺址博物館，保存着許多珍貴的文物史料。

南京明城牆

南京明城牆為中國明初都城應天府城牆，歷時20年建成，城牆一周共設13座城門。

侵華日軍南京大屠殺遇難同胞紀念館
　　這是為了銘記 1937 年 12 月 13 日日軍攻佔南京後製造的南京大屠殺事件而籌建的。

玄武湖

　　南京的玄武湖歷史悠久，名勝古跡眾多，是國家 AAAA 級景區。

明孝陵

　　明孝陵是明太祖朱元璋與皇后馬氏的合葬陵墓，作為明清皇家陵寢擴展項目於 2003 年列入《世界遺產名錄》。

　　石象路是明孝陵神道的第一段，沿途依次排列 6 種石獸。

雞鳴寺

　　雞鳴寺是南京最古老的寺廟之一。

中山陵

　　中山陵為中國近代革命家孫中山先生的陵墓。中山陵由墓道和陵墓組成，整個建築依山勢而建，氣勢雄偉。

迷人的秦淮風光

秦淮河是南京的母親河，孕育了燦爛的歷史文化。唐朝詩人杜牧的詩《泊秦淮》，描寫的就是秦淮河當年的景象。

烏衣巷

烏衣巷是南京著名古巷。三國時東吳的軍隊駐紮此地，官兵皆身穿黑色軍服，烏衣巷因此得名。

煙籠寒水月籠沙，
夜泊秦淮近酒家。
《泊秦淮》

夫子廟

夫子廟又稱文廟，是南京供奉和祭祀孔子的廟宇。夫子廟始建於北宋年間，為元、明、清時期的府學所在地。

夫子廟以秦淮河為泮池，
南岸有照壁、月牙池。

江南貢院

　　江南貢院始建於南宋，曾經是
中國古代最大的科舉考場之一。

秦淮燈會

　　秦淮燈會又稱金陵燈會，主要集
中在每年春節至元宵節期間舉辦。

秦淮小吃

　　秦淮小吃歷史悠久，
風味獨特，有雨花石湯
圓、小燒賣等。

精美的蘇州園林

蘇州以古典園林著稱。蘇州園林建築精巧別致，以山、水、泉、石為骨骼，以花、木、草、樹為烘托，以亭、榭、樓、廊為連綴。拙政園、留園、網師園、退思園等幾座園林已被列入《世界遺產名錄》。

漏窗

漏窗又稱花窗，是一種裝飾性鏤空窗戶。透過漏窗，遊客可以看到複廊另一邊的景色。

洞門

蘇州園林裏有很多造型優美的洞門，最常見的洞門是圓形的，除此之外，還有葫蘆形、梅花形、花瓶形等。不同形狀的洞門與園內的景色構成了各種美妙的風景畫。

滄浪亭

　　滄浪亭與拙政園、獅子林、留園並稱為「蘇州四大名園」。滄浪亭的複廊使園內的山和園外的水互相引借，形成「借景」的藝術效果。

複廊
　　在雙面空廊的中間夾一道牆就形成了複廊。

太湖石
　　太湖石石姿優美，常用來製造假山，點綴園林和庭院。

21

藝術瑰寶在江蘇

江蘇擁有吳、金陵、淮揚、中原等多元文化，其悠久的歷史和燦爛的文化孕育了許多特色的傳統藝術。

崑曲

崑曲又名崑劇、崑山腔，以唱腔委婉細膩為特點。崑曲歷史悠久，2001 年被聯合國教科文組織列為「人類口頭和非物質遺產代表作」。

惠山泥人

惠山泥人因產於無錫惠山附近而得名。喜慶吉祥的大阿福是惠山泥人的代表。

江南絲竹

江南絲竹流行於江蘇南部和浙江一帶，常用樂器有二胡、揚琴、琵琶、小三弦、笛子、簫等，樂隊編制一般為 7~8 人。

蘇州刺繡的類型多樣，圖案包含山水、花鳥、人物等。

蘇州刺繡

蘇州刺繡歷史悠久，有平繡、雙面繡等多種針法，是近現代中國四大名繡之一。

紫砂壺

紫砂壺以江蘇宜興生產的紫砂泥製坯並燒製而成。由於透氣良好，耐熱性高，紫砂壺是泡茶的好茶具。

南京雲錦

南京雲錦是一種產於南京的絲綢，因其富麗豪華，花紋絢爛如雲而得名。南京雲錦主要包括妝花、庫錦、庫緞等。

揚州剪紙

揚州是中國剪紙流行最早的地區之一，唐宋時期就有「剪紙報春」的習俗。

探尋劉邦故里

徐州，古稱彭城，為古九州之一，是國家歷史文化名城，旅遊資源豐富。

漢高祖劉邦

漢高祖劉邦，字季，沛縣（今屬江蘇）人。在楚漢之爭中，他擊敗了西楚霸王項羽，建立了西漢。

徐州博物館

徐州博物館是在清朝乾隆皇帝南巡行宮的舊址上建造的綜合博物館，珍藏了許多珍貴文物，有古代兵器、玉器等。

鑲玉漆棺

鑲玉漆棺出土於獅子山西漢楚王墓。棺材上鑲嵌着大量幾何圖案的玉片。

繞襟衣陶舞俑

繞襟衣陶舞俑出土於馱籃山楚王墓，舞姿優美，是了解西漢早期舞蹈造型的重要文物。

金縷玉衣

金縷玉衣出土於獅子山西漢楚王墓，是用 4000 多片上好的和田玉片製成的，是迄今發現的品質最好的一件玉衣。

雲龍湖

雲龍湖原名簸箕窪，後因湖與雲龍山相連而改名為雲龍湖。景區內湖山相映，景色美不勝收。

徐州畫像石

徐州畫像石是漢代徐州地區的畫像石刻，題材廣泛，風格古樸，具有很高的藝術價值。

兩漢看徐州

徐州的洞山漢墓、獅子山西漢兵馬俑、漢畫像石被稱為「漢代三絕」。迄今為止，徐州已經發現了十幾座西漢楚王墓。其中，獅子山楚王墓是規模最大、出土文物最多的一座陵墓。這裏出土的漢代兵馬俑表情豐富，栩栩如生，體現了漢代勞動人民高超的製作工藝。

彭祖園

彭祖園是為紀念彭祖而建的一個大型公園，園內有彭祖像、彭祖祠等。彭祖為中國古代傳說人物，歷夏至商末 767 歲而不衰。

雉羹

相傳，雉羹（野雞湯）為彭祖首創，現為徐州的傳統名小吃。

煙花三月下揚州

揚州位於江蘇省中部，長江下游北岸，是一座擁有 2500 多年歷史的國家歷史文化名城。

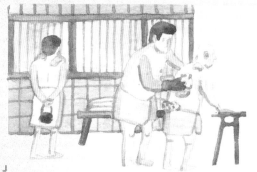

文昌閣

文昌閣建於明代萬曆年間，曾為古代揚州府文風命脈中心，現為揚州市地標性建築之一。

「水包皮」

「水包皮」指揚州的澡堂文化。揚州人喜歡到浴室泡澡、捏腳、捶背等。

揚州古運河

揚州是一座古老的運河城市。流經揚州的裏運河古稱邗溝，又名淮揚運河，是京杭運河最早修建的一段。淮揚運河揚州段北接淮安，南至瓜洲，全長約 151 公里，於 2014 年列入《世界遺產名錄》。

「皮包水」

揚州人有吃早茶的習慣。揚州的早茶品種豐富多樣，有三丁包、蟹粉湯包、大煮乾絲等。

瘦西湖

瘦西湖又名長春湖，擁有五亭橋、白塔、吹台等二十四景。相傳清代乾隆皇帝在吹台釣過魚，因此吹台又名釣魚台。

鑒真楠木雕像

大明寺

　　大明寺又名法淨寺，因建於南朝宋大明年間而得名。唐代僧人鑒真曾在此擔任住持，弘揚佛法。寺內建有鑒真紀念堂，堂內有鑒真楠木雕像。

東關街

　　東關街擁有比較完整的明清建築羣及「魚骨狀」街巷體系，是揚州城裏著名的歷史老街。街內保留了名人故居、鹽商大宅、寺廟園林等重要歷史遺跡和人文古跡。

山光水色的太湖美景

太湖珍珠

太湖位於江蘇南部，是中國第三大淡水湖。太湖湖面遼闊，景色優美，名勝古跡眾多。

黿頭渚景區

黿頭渚是太湖西北岸的一個半島，因形似浮黿翹首而得名，是國家 AAAAA 級景區。

靈山大佛

太湖三白

太湖三白是產於太湖的三種湖鮮——白魚、銀魚和白蝦。

無錫影視基地

無錫影視基地是以影視文化、歷史文化與旅遊文化相結合的主題景區，有吳王宮、桃園、清明上河街等景點。

蠡湖

蠡湖是太湖的內湖，主要景點有蠡園、漁莊、寶界橋等。其中蠡園貼水而建，是中國的著名園林。

拈花灣

拈花灣是具有東方文化內涵的禪意旅遊度假區，景點有香月花街、梵天花海、五燈湖等。

靈山梵宮

靈山梵宮外觀莊嚴肅穆，氣勢恢宏。

絲綢之府 —— 浙江

省會：杭州
人口：約 5850 萬
面積：約 10 萬平方公里

浙江省，簡稱浙，位於中國東部沿海。「浙江」是錢塘江的古稱。浙江歷史悠久，是中國古代文明的發源地之一。

地形地貌

地形以丘陵、山地為主，地勢自西南向東北傾斜。

氣候

屬於亞熱帶季風氣候，四季分明，雨量充足。

自然資源

自然條件優越，是中國農業高產地區之一。

精美的絲綢

絲綢是利用桑蠶絲織造而成的紡織品。浙江的綢緞、織錦等產品譽滿中外。

龍泉青瓷

龍泉青瓷是產於龍泉地區的釉色呈青綠色的瓷器，按產品特徵可分為哥窯青瓷和弟窯青瓷。

錢塘江大橋

錢塘江大橋由中國橋樑專家茅以升、羅英主持修建，是中國自行設計、建造的第一座大型鐵路、公路兩用橋。

舟山漁場

舟山漁場為中國最大的漁場。這裏海洋環境優越，利於魚類繁衍和生長。

中國篆刻

中國篆刻是以書法和鐫刻結合起來製作印章的藝術。杭州的西泠印社以研究金石篆刻著稱。

普陀山

普陀山為中國佛教四大名山之一，相傳是南海觀音修道的地方，有「海天佛國」之稱。

黃沙獅舞

黃沙獅舞始創於北宋年間，將武術與傳統舞獅表演巧妙結合。

親愛的小莫：

　　我來到了美麗的西湖。我們乘遊覽車暢遊了當年蘇軾親自指揮建造的「蘇堤」，爸爸給我講了很多關於西湖的傳說，真是太有趣了！

小雅

諸葛村

蘭溪諸葛村是全國最大的諸葛亮後代聚居地，保存了大量明清古民居。

西湖龍井

西湖龍井是產於杭州西湖一帶的綠茶，茶葉外形扁平，顏色淡綠。

位於杭州的西溪國家濕地公園環境優美、水道縱橫，是城市中少有的天然濕地。

宋城

宋城是人氣較旺的主題樂園之一，有大型歌舞表演《宋城千古情》。

雁蕩山

雁蕩山以「山水奇秀」聞名，被評為世界地質公園。山上的靈峯、靈岩和大龍湫為「雁蕩三絕」。

浙江菜

浙江菜為中國八大菜系之一，由杭州菜、寧波菜和紹興菜組成。

西湖醋魚

東坡肉

千島湖

千島湖是浙江省最大的人工湖。環湖錦峯簇擁，島嶼星羅棋佈，有大小島嶼1000多個，故名千島湖。

西湖風光別樣美

人們常說「上有天堂，下有蘇杭」，杭州西湖的美景自古聞名中外，深厚的歷史文化底蘊和諸多名人傳說又讓它多了幾分人文氣息。

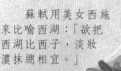

蘇軾用美女西施來比喻西湖：「欲把西湖比西子，淡妝濃抹總相宜。」

靈隱寺

靈隱寺創建於東晉時期，相傳為印度僧人慧理所建，是中國著名佛教寺院。

靈隱寺前的飛來峯上分佈着五代時吳越國至元代的佛教造像。其中，南宋布袋和尚及周圍形態各異的羅漢羣像體現了當時人們高超的雕刻水平。

雷峯塔

雷峯塔北臨西湖，建於五代十國末期，是一座八角形樓閣式磚塔。「雷峯夕照」是西湖勝景之一。

西湖美景

西湖風光如畫，蘇堤春曉、曲院風荷、三潭印月、斷橋殘雪等西湖美景久負盛名。

曲院風荷

　　相傳，南宋時期，這裏有一家釀酒作坊，作坊周圍的池塘裏有許多荷花。每到夏天，荷花的香氣夾雜着酒香，沁人心脾，「曲院風荷」由此得名。

蘇堤春曉

　　北宋時期，蘇軾為疏通西湖修建了一條南北走向的長堤。後人為紀念他，將此堤命名為「蘇堤」。春天，蘇堤景色迷人，因而成為「西湖十景」之一。

三潭印月

　　西湖上分佈着湖中三島，分別是湖心亭、阮公墩和三潭印月。三潭印月又名小瀛洲，是西湖中最大的島。

斷橋殘雪

　　冬日雪後初晴，從高處眺望，橋的陽面雪已融化，陰面卻白雪皚皚，故稱之為「斷橋不斷」。

歷史悠久的良渚文化

良渚文化是中國新石器時代文化之一，以杭州市餘杭區良渚遺址為代表而命名。2019年7月，良渚古城遺址被列入《世界遺產名錄》。

刻畫符號

良渚人在他們製作的陶器上刻上各種各樣的符號，刻畫內容多與生活相關，是我們了解良渚人生活風貌的重要窗口。

刻符陶罐

刻符陶罐出土於杭州南湖遺址。

良渚玉器

良渚人製作了各式各樣的玉器，代表了中國新石器時代玉器工藝的最高水平。

玉鉞

玉鉞的最高形式一般由鉞身、冠飾、端飾組成，象徵着軍事指揮權。

玉琮

玉琮是一種外方內圓的粗管型玉器，始見於新石器時代。

玉璧

玉璧是良渚玉器的典型代表，在中國古代玉器中有着極為重要的地位。

良渚古城由宮城、王城、外郭城和外圍水利系統組成。

水利

　　為了治水，良渚人設計並修建了一個龐大的水利系統。良渚水利系統是迄今所知中國最早的大型水利工程，也是世界上最早的水壩。

炭化稻穀

良渚人吃甚麼？

　　考古學家發現，良渚遺址裏有規模非常大的糧倉，可以儲存數十萬斤的稻穀。

陶器

　　良渚人用陶土燒製了各式各樣的陶器來盛放食物。

獨木舟

　　良渚人還製造了獨木舟，某些學者認為這是用來運輸稻穀的。

選址

　　良渚文化主要分佈在太湖地區，南以錢塘江為界，西北至江蘇常州一帶。

地基

　　良渚人鋪了密密麻麻的石塊作為城牆的地基，這不僅能加固城牆，還能避免地下水滲透上來。

唐詩畫意富春江

「天下佳山水，古今推富春。」富春江西起浙江省桐廬西，東至杭州市蕭山區，是錢塘江在此段的別名。

《富春山居圖》

舉世聞名的《富春山居圖》展現了富春江兩岸的迷人景色，是古代山水畫的代表作品。《富春山居圖》現存兩卷。

江郎山

江郎山因三爿石著名，俗稱江郎三爿石。

富春江

富春江是國家級風景名勝區，有瑤琳仙境、嚴子陵釣台、桐君山等名勝。富春江兩岸山色秀麗，江水清澈見底，像一幅流動的山水畫卷。

瑤琳仙境

　　瑤琳仙境位於富春江畔，以溶洞奇觀著稱。洞內鐘乳石形態各異，如仙境一般。

嚴子陵釣台

　　嚴子陵釣台位於七里瀧富春山，相傳為東漢名士嚴子陵隱居垂釣之處。

唐詩西路

　　富春江秀麗的風光吸引了眾多詩人，他們留下了許多讚美富春江山水的傳世之作。所以富春江畔的桐廬也被稱為「唐詩西路」。

去錢塘江看大潮

錢塘江大潮被稱為「天下第一潮」。每年中秋節前後是看大潮的最佳時間。觀潮時，岸邊總會聚集許多遊客，十分熱鬧。

錢塘潮的形成

每年中秋前後，錢塘江會發生潮水暴漲的現象。湧潮的形成和地形密切相關。再加上東海沿岸正值雨季，平均海面升高。若遇上強勁的東風或東南風，湧潮現象則更加壯觀。

甚麼是「一潮三看」?

一線潮

　　如果沒有沙洲等物體阻擋,錢塘潮的行進會十分順暢,潮頭姿態呈現一條直線,因此被稱為一線潮。

交叉潮

　　由於長期的泥沙淤積,錢塘江形成了沙洲,將潮水一分為二。兩股潮水繞過沙洲後會相互撞擊,激起巨大的水浪。

回頭潮

　　老鹽倉的河道上建有一個保護堤岸的T字形堤壩。洶湧的潮水撞擊堤壩,激起的水浪又會翻捲回頭,形成驚險的回頭潮。

文化之城紹興

紹興，簡稱越，曾是春秋時期越國的都城。紹興歷史悠久，名人輩出，是中國的歷史文化名城之一。

大禹陵

大禹陵是祭奠大禹的陵園，由禹陵、禹廟、禹祠等組成。相傳，大禹死後葬在紹興會稽山上。

魯迅故里

魯迅故里是魯迅先生少年時生活過的地方，也是一條獨具江南風情的歷史街區。

三味書屋

百草園

柯岩風景區

柯岩風景區包含柯岩、鑒湖、魯鎮三部分，擁有姿態各異的石洞、石潭、石壁等奇景。

這裏有百草園和三味書屋，它們分別是魯迅小時候玩耍和讀書的地方。

黃酒

用鑒湖水釀造的紹興黃酒歷史悠久，馳名中外。

沈園

沈園因陸游和唐琬淒美的愛情故事而聞名，是一座宋代古典園林，又名「沈氏園」。

蘭亭

蘭亭位於會稽山下。相傳東晉書法家王羲之曾經在這裏舉行盛會，寫出了被譽為「天下第一行書」的《蘭亭序》。

最美是江南

長江下游、江蘇省南部、浙江省北部及太湖流域一帶被稱為江南。江南自古以來就十分富庶，景色也十分秀麗。

江南好，風景舊曾諳。日出江花紅勝火，春來江水綠如藍。能不憶江南？

（唐）白居易《憶江南》

藍草可以提取出藍色染料靛藍。

百步一橋

橋是水鄉最重要的建築之一。坐船行駛在水面上，透過一座橋可以看到另一座橋的風景，形成了「橋裏橋」的獨特景觀。

藍印花布

藍印花布是一種用靛藍染製成的藍、白圖案的花布。

水鄉古鎮

水鄉古鎮具有獨特的江南水鄉風貌。江南地區氣候溫暖，河網密佈。這裏的人們沿着河岸建造房子，在河面上架起石橋，構成「小橋、流水、人家」的美景。

烏篷船

烏篷船是江南水鄉的水上交通工具。

梅雨時節是江南梅子成熟的季節，因此得名。

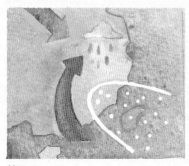

魚米之鄉

長江三角洲地勢平坦，河網密集，是中國著名的魚米之鄉。

梅雨

每年初夏，江南地區會出現雨期較長、雨量較大的持續陰雨天氣。梅雨產生於西太平洋副熱帶高壓西北邊緣的梅雨鋒，是大氣中冷暖氣團相互作用而形成的。

江南水八仙

江南水八仙是指八種可食用的水生植物，分別是荸薺、芡實、水芹、蓴菜、慈姑、茭白、蓮藕、菱角。

荸薺

芡實

水芹

蓴菜

慈姑

茭白

蓮藕

菱角

越劇

越劇是江南一帶最受歡迎的戲曲之一，唱腔優美動聽，表演真切動人，代表劇目有《梁山伯與祝英台》《紅樓夢》等。

京杭運河

京杭運河是世界上最長的人工運河。它的開鑿和通航溝通了中國古代南方和北方的水路交通。

京杭運河始鑿於春秋時期，後經隋和元兩次大規模擴建，利用天然河道修鑿連接而成，從開鑿到現在已有 2500 多年的歷史。

北京

天津

聊城

淮安

揚州

蘇州

世界上的大運河

京杭運河、蘇伊士運河、巴拿馬運河是世界著名的三大運河。其中京杭運河全長 1747 公里，是蘇伊士運河的 10 倍、巴拿馬運河的 21 倍。

蘇伊士運河

蘇伊士運河連接地中海和紅海，全長 173 公里，是歐洲、亞洲、非洲的海上國際貿易通道。

巴拿馬運河

巴拿馬運河溝通太平洋和大西洋，全長 81.3 公里，是連接巴拿馬城、科隆和克里斯托瓦爾港的一條國際貿易通道。

流經區域

京杭運河北起北京，南至杭州，經過北京、河北、天津、山東、江蘇、浙江六省市，貫通海河、黃河、淮河、長江和錢塘江五大水系。

拱宸橋

　　拱宸橋是古時京杭運河的最南端，
是京杭運河在杭州的終點。

清江閘

　　清江閘是京杭運河沿線保存最完好
的石閘遺址，也是京杭運河繁忙富饒時
期的見證。

「南水北調」

　　京杭運河是「南水北調」東線工
程的重要輸水通道。江都水利樞紐
是目前亞洲最大的泵站樞紐。

誰把石頭劈開了

虎丘山是蘇州著名的風景名勝，歷史悠久，古跡眾多。宋代文學家蘇軾曾說過：「過姑蘇，不遊虎丘，乃憾事也。」

在這裏，有塊圓石看起來像是被人用刀劍劈開的，這就是著名的「試劍石」。那麼到底是誰劈開的呢？

相傳，春秋時期，吳王闔閭為了爭霸天下，召來了當時最有名的鑄劍師干將、莫邪夫婦為他鑄劍。闔閭為了試試劍的鋒利程度，將這塊石頭一劈為二。其實，這塊石頭是火山噴發形成的凝灰岩，經過風化作用，便形成了一條大縫。

雲岩寺塔

雲岩寺塔俗稱虎丘塔，為八角七層仿木結構樓閣式磚塔。塔身由外壁、迴廊和塔心組成。

劍池

崖壁上的「劍池」二字相傳是大書法家王羲之所寫。